BEI GRIN MACHT SICH IHR WISSEN BEZAHLT

AF726883

- Wir veröffentlichen Ihre Hausarbeit, Bachelor- und Masterarbeit

- Ihr eigenes eBook und Buch - weltweit in allen wichtigen Shops

- Verdienen Sie an jedem Verkauf

Jetzt bei www.GRIN.com hochladen und kostenlos publizieren

GRIN

Bibliografische Information der Deutschen Nationalbibliothek:

Die Deutsche Bibliothek verzeichnet diese Publikation in der Deutschen Nationalbibliografie; detaillierte bibliografische Daten sind im Internet über http://dnb.d-nb.de/ abrufbar.

Dieses Werk sowie alle darin enthaltenen einzelnen Beiträge und Abbildungen sind urheberrechtlich geschützt. Jede Verwertung, die nicht ausdrücklich vom Urheberrechtsschutz zugelassen ist, bedarf der vorherigen Zustimmung des Verlages. Das gilt insbesondere für Vervielfältigungen, Bearbeitungen, Übersetzungen, Mikroverfilmungen, Auswertungen durch Datenbanken und für die Einspeicherung und Verarbeitung in elektronische Systeme. Alle Rechte, auch die des auszugsweisen Nachdrucks, der fotomechanischen Wiedergabe (einschließlich Mikrokopie) sowie der Auswertung durch Datenbanken oder ähnliche Einrichtungen, vorbehalten.

Impressum:

Copyright © 2014 GRIN Verlag
Druck und Bindung: Books on Demand GmbH, Norderstedt Germany
ISBN: 9783668990654

Dieses Buch bei GRIN:

https://www.grin.com/document/489396

Stefan Bretschneider

Die Initiative INTERREG IV A. im Grenzraum zwischen Bayern und der Tschechischen Republik

GRIN Verlag

GRIN - Your knowledge has value

Der GRIN Verlag publiziert seit 1998 wissenschaftliche Arbeiten von Studenten, Hochschullehrern und anderen Akademikern als eBook und gedrucktes Buch. Die Verlagswebsite www.grin.com ist die ideale Plattform zur Veröffentlichung von Hausarbeiten, Abschlussarbeiten, wissenschaftlichen Aufsätzen, Dissertationen und Fachbüchern.

Besuchen Sie uns im Internet:

http://www.grin.com/

http://www.facebook.com/grincom

http://www.twitter.com/grin_com

Friedrich-Alexander-Universität Erlangen
Fachbereich Kulturgeographie
Hauptseminar: Regionalentwicklung in Europa
Wintersemester 2013/2014

INTERREG IV A
Bayern – Tschechische Republik

Stefan Bretschneider

Studienfach: Kulturgeographie
Semesterzahl: 3. Fachsemester

Gliederung

Abbildungsverzeichnis:

1. Einführung

1.1. Hintergrund und Allgemeines zu INTERREG

Das INTERREG Programm entstand aus einer Gemeinschaftsinitiative des Europäischen Fonds für regionale Entwicklung, kurz genannt EFRE [DÜHR 2010]. Der EFRE gehört neben dem Europäischen Sozialfonds (ESF), dem Europäischen Landwirtschaftsfonds für die Entwicklung ländlicher Räume (ELER), dem Europäische Fischereifonds (EFF) und dem Kohäsionsfonds (KF) zu den wichtigsten Förderinstrumenten der Europäischen Union, um verschiedenste, teilweise benachteiligte Regionen Europas unter anderem wirtschaftlich, sozial und umwelttechnisch zu unterstützen und zu fördern [MWE 2013]. Der EFRE fördert vor allem Regionen in Europa, die in ihrer Entwicklung zurückliegen und stützt sich dabei in der aktuellen Förder-periode von 2007 bis 2013 auf folgende drei Ziele: „Konvergenz", „Regionale Wettbewerbsfähigkeit und Beschäftigung" und „Europäische territoriale Zusammenarbeit" [EUROPA 2010].

Zu letzterem zählt auch die INTERREG Initiative, die durch den EFRE entstanden ist und finanziert wird. Des Weiteren wird sie auch durch öffentliche und private Sektoren kofinanziert. INTERREG trat 1990 in Kraft und erfährt mit seiner Entwicklung über die Jahre hinweg bis heute einen stetigen Zuwachs an Aufmerksamkeit durch die Vorzüge und Herausforderungen der grenzüberschreitenden Kooperation und damit auch einen an immer mehr finanziellen Mitteln, die der Initiative im Laufe der Förderperioden bereitgestellt werden. Die Grenzen zwischen den Staaten gelten heute unter anderem als Hindernisse und Barrieren, die grenzüberschreitende Kooperationen behindern [SCHERHAG 2008:1]. Das Programm ermöglicht jedoch unter anderem durch die Unterstützung des Europäischen Verbunds für territoriale Zusammenarbeit (EVTZ) eine Kooperation zwischen mehreren EU-Staaten und außerdem zwischen EU- und Nicht-EU-Staaten. Die heutige Förderperiode INTERREG IV (vierte Periode) umfasst die Zeit von 2007 bis Ende 2013. Die Initiative wird stetig verbessert, weiterentwickelt und an aktuelle Situationen und Probleme angepasst und baut somit in den verschiedenen Perioden aufeinander auf. Durch INTERREG ist es der EU möglich, sich auf bestimmte Probleme in Bezug auf Regionalentwicklung zu fokussieren und mit neuen Konzepten zu experimentieren. Es werden laufend neue Projekte während den Förderperioden unter der INTERREG Initiative geschaffen, damit zusätzliche Aktionen unternommen werden, die die Kommunen oder Staaten selbst nicht unternehmen würden, da es zu viel Aufwand wäre oder sie die dazu notwendigen finanziellen Mittel nicht zur verfügen haben. Um die Aufteilung von der Initiative hin zu den Projekten zu verdeutlichen: INTERREG ist in die drei Bereiche „grenzüberschreitend" (A), „transnational" (B) und

„interregional“ (C) unterteilt, welche jeweils wiederum in verschiedene Programme unterteilt sind, worunter dann schließlich die zahlreichen Projekte entstehen, geprüft und durchgeführt werden [DÜHR 2010].

Die erste Förderperiode (INTERREG I) umfasst den Zeitraum von 1990 bis 1993 und war der erste Schritt zu einem multi-level governance. Es wurden in dieser Zeit 31 operationelle Programme genehmigt, die spezifische grenzübergreifende Strukturen, wie „Euroregions“ oder „Euregios“ zwischen Belgien, Niederlande, Deutschland, Luxembourg und Frankreich zu unterstützen und zu finanzieren[DÜHR 2010]. Seitdem ist die Initiative weiter gewachsen und wurde ein wichtiger Aspekt der EU-Politik. Unter anderem begünstigte damals der Fall des Eisernen Vorhangs 1989 maßgeblich die Entstehung dieser Initiative vor allem zwischen EU- und Nicht-EU-Staaten im östlichen Europa. INTERREG II dauerte von 1994 bis 1999. In der Zeit wurden vor allem „weichere“ Projekte – beispielsweise Studien, Strategiepläne und der Austausch von Informationen und Erfahrungen – mehr gefördert als zuvor. Außerdem wurde die Initiative hier das erste Mal in zwei Bereiche unterteilt: „grenzübergreifend“ (IIA) und „Energienetzwerke“ (IIB). Später in der Periode, ab 1997 kam der Bereich „transnationale Kooperation für Raumplanung“ (IIC) hinzu. Auch bei INTERREG III wurde das verfügbare Budget erneut gesteigert und den drei Strängen wurden teilweise neue Bereiche zugewiesen, so übernimmt hier INTERREG IIIB die transnationale Kooperation zwischen nationalen, regionalen und lokalen Autoritäten und anderen Akteuren und INTERREG IIIC den neu eingeführten interregionalen Bereich, wodurch die Effektivität der Methoden zur regionalen Entwicklung und Kohäsion durch Netzwerke gesteigert werden soll. Der Bereich der grenzübergreifenden Kooperation zur regionalen, wirtschaftlichen Entwicklung und sozialer Kohäsion bleibt dem Strang IIIA zugeteilt [DÜHR 2010]. Die aktuelle Förderperiode INTERREG IV läuft heute unter dem neuen Namen „Europäische territoriale Zusammenarbeit“ (ETZ). Die drei Stränge A, B und C wurden weiterhin verbessert, jedoch die Zuteilung wurde wie in INTERREG III beibehalten. Die Europäische Kommission schreibt, dass die ETZ „beim Aufbau eines gemeinsamen Europas eine zentrale Rolle spielt: Wenn Grenzen keine Barrieren mehr sind, können die Europäer näher zusammenkommen, Probleme gemeinsam lösen, Ideen austauschen, Ressourcen gemeinsam nutzen und systematisch auf gemeinsame Ziele hinarbeiten.“[EC 2013].

Im weiteren Verlauf der Arbeit wird die ETZ dennoch zur Einfachheit mit dem Namen INTERREG IV behandelt.

1.2. Zielsetzung, Aufbau und Methodik der vorliegenden Arbeit

Die vorliegende Arbeit verfolgt das Ziel, anhand einer Analyse der Projekte mit besonderer Beachtung deren Ziele darzustellen, welche Themenbereiche, wie beispielsweise wirtschaftliche Entwicklung oder soziale Kohäsion durch die Initiative INTERREG IV im Grenzraum zwischen dem deutschen Bundesland Bayern und der Tschechischen Republik gefördert werden. Außerdem wird eine allgemeine Übersicht und ein Grundwissen über INTERREG und seine Wirkungsweise vermittelt werden, um die Initiative besser verstehen und durchblicken zu können. Dazu werden ausgewählte Projekte genauer dargestellt, um einen beispielhaften Einblick geben zu können, wie die vielen verschiedenen Projekte aufgebaut sein können und wie sie die jeweiligen Ziele erreichen.

Nachdem bereits die Entstehung und der Hintergrund zur INTERREG Initiative behandelt wurde, wird im folgenden Teil näher auf die Initiative in Bayern eingegangen. Der Fokus liegt hier auf INTERREG IV A, also der grenzübergreifenden Zusammenarbeit von Bayern mit den Nachbarstaaten und in dieser Arbeit hauptsächlich mit der Tschechischen Republik. Anschließend werden ausgewählte Projekte und deren Ziele dargestellt und gezeigt, wie die Ziele dieser Projekte erreicht werden. Im Punkt 2.4. werden alle bisher veröffentlichten Projekte betrachtet, um schließlich zu zeigen, mit welchen Themenbereichen sich die Mehrzahl der Projekte beschäftigen, um so herauszufinden, was am meisten gefördert wird. Letztendlich folgt ein Fazit, um alle wichtigen Aspekte und Ergebnisse der Arbeit noch einmal aufzuführen.

Die allgemeinen Hintergrund- und geschichtlichen Informationen über EFRE und INTERREG wurden aus einschlägiger Literatur entnommen, wie beispielsweise die von Daniela Scherhag und Stefanie Dühr. Um die Ziele der Arbeit zu erreichen, werden hauptsächlich die Dokumente der EFRE Homepage des Bayerischen Staatsministeriums für Wirtschaft und Medien, Energie und Technologie untersucht. Um bestimmte Projekte auszuwählen und im Detail zu analysieren wird die auf dieser Internetseite zur Verfügung gestellte Halbzeitbilanz betrachtet. Um anschließend evaluieren zu können, welcher Themenbereich der am öftesten geförderte ist, wird das Verzeichnis der Begünstigten gem. Art. 7 Abs. 2 analysiert, was ebenfalls unter der EFRE Bayern Homepage abrufbar ist. Diese Liste umfasst 286 Projekte bis zum Zeitpunkt des 31.12.2012. Eine abschließende Auflistung aller Projekte wird voraussichtlich erst mit dem Ende der Periode veröffentlicht. Die 286 Projekte werden letztendlich nach den jeweils unterstützten Themengebieten quantitativ untersucht und ausgewertet.

2. INTERREG IV A: Bayern – Tschechische Republik

2.1. Übersicht über INTERREG IV in Bayern

In Bayern bestehen zwei der drei Ziele des Europäischen Fonds für regionale Entwicklung. Zum einen Ziel 2, die Förderung der regionalen Wettbewerbsfähigkeit und Beschäftigung und Ziel 3, die Europäische Territoriale Zusammenarbeit (StMWMET 2013). Ziel 1 „Konvergenz" ist in Bayern nicht vertreten. Die EU-Homepage beschreib dieses Ziel wie folgt: „Under the "Convergence" objective, the ERDF focuses its assistance on supporting sustainable integrated economic development and the creation of sustainable jobs. Operational programmes in the Member States are aimed at modernising and diversifying regional economic structures[...]"[Europa 2010]. Wenn das Bundesland Bayern genauer betrachtet wird, fällt auf, dass Bayern eine der am stärksten entwickelten Regionen ist und somit keiner zusätzlichen Förderung durch Ziel 1 bedarf. Im weiteren Verlauf der Arbeit wird INTERREG IV und damit Ziel 3 in dieser Region untersucht.

INTERREG IV in Bayern ist ebenfalls in drei Stränge unterteilt, der grenzübergreifenden, transnationalen und interregionalen Zusammenarbeit. Die grenzübergreifende Zusammenarbeit (Strang IVA) beinhaltet die Gebiete entlang der Grenzen zur Tschechischen Republik, Österreich und der Schweiz (Alpenrhein, Bodensee und Hochrhein) mit jeweils der ersten und teilweise der zweiten Landkreisreihe. Die Zielsetzung der Projekte in den Grenzgebieten sind hauptsächlich eine nachhaltige Förderung des Lebensraumes der Menschen und des Natur- und Wirtschaftsraumes. Außerdem sollen die Umstände der Arbeits- und Lebensverhältnisse verbessert werden und eine grenzübergreifende Kooperation zwischen Bayern und den Nachbarstaaten gestärkt werden [StMWMET 2013]. Es wird außerdem in diese Quelle erwähnt, dass es unbedingt erforderlich sei, dass die Zusammenarbeit gemeinsam von beiden Seiten aus stattfindet.

Der Bereich INTERREG IV B beschäftigt sich in Bayern mit der transnationalen Zusammenarbeit. Unter diesem Strang gibt es wie in IV A ebenfalls drei Programme. Die Ziele dieser Programme sind unter anderem eine territoriale Kohäsion und eine interne Integration in Mitteleuropa, eine Steigerung der Wettbewerbsfähigkeit und Attraktivität des Alpenraums und eine integrierte und nachhaltige Entwicklung in Nordwesteuropa [StMWMET 2013]

INTERREG IV C ist dagegen nicht so stark ausgeprägt, wie die anderen beiden Stränge. Die Ziele der interregionalen Zusammenarbeit sollen den Austausch von Erfahrungen zwischen regionalen und lokalen Akteuren und eine gemeinsame Entwicklung von Ansätzen für eine nachhaltige und integrierte Raumentwicklung unterstützen. Dieses Programm agiert europaweit.

Im Folgenden wird der Fokus auf INTERREG IV A und der Kooperation zwischen Bayern und der Tschechischen Republik gelegt, die vor allem seit dem Beitritt in die EU im Rahmen der EU-Osterweiterung eine immer größere Rolle spielt, und die zugehörigen Projekte analysiert.

2.2. Förderung des Grenzraumes zwischen Bayern und der Tschechischen Republik

Das Fördergebiet an der Grenze zwischen dem Bundesland Bayern und der Tschechischen Republik verfügt über den Förderzeitraum von 200 bis 2013 mit in etwa 115,5 Millionen Euro mit Abstand über die meisten EFRE-Mitteln des INTERREG IV A Programms in Bayern. Zum Vergleich: Bayern-Österreich verfügt über 54,1 Millionen und Alpenrhein-Bodensee-Hochrhein verfügt lediglich über 23,9 Millionen Euro [StMWMET 2013].

Die Förderinhalte des Grenzraums sind in zwei Prioritäten unterteilt: Priorität 1 beschäftigt sich mit der wirtschaftlichen Entwicklung, Humanressourcen und mit Netzwerken und Priorität 2 beinhaltet die Förderung der Raum- und Umweltentwicklung, denn die EU-Umweltpolitik nutzt beispielsweise die Programme/Projekte von INTERREG, um ihre Ziele und Pläne umzusetzen. In der folgenden Tabelle wird eine kleine beispielhafte Übersicht gegeben, welche Themen die beiden Prioritäten abdecken:

Abb.1: Aufteilung der Prioritäten

Priorität 1	**Priorität 2**
- Wirtschaftliche Zusammenarbeit und Entwicklung des Raumes - Tourismus, Freizeit und Erholung - Berufliche Bildung und Arbeitsmarkt - Wissenschaft, Forschung, Kultur, Gesundheit, Soziales, Zivil- und Katastrophenschutz, Netzwerke	- Umweltschutz - Naturschutz - Raumplanung und Entwicklung des ländlichen Raumes - Verkehr

[StMWIVT 2010:Halbzeitbilanz]

Die Fördergebiet des Grenzraums BY-CZ, das von verschiedensten Projekten bearbeitet wird, zieht sich entlang der gesamten Grenze zwischen den beiden Ländern:

Abb.2: Karte des Fördergebiets Bayern-Tschechien [StMWIVT 2013]

Die unterschiedliche Graufärbung der Karte kann im Umfang dieser Arbeit vernachlässigt werden, beide (hellgraue und dunkelgraue) Bereiche gehören zu dem geförderten Gebiet. Auffällig ist bei dieser Karte ist, dass das Gebiet auf der tschechischen Seite deutlich größer ist, als auf der deutschen/bayerischen Seite. Daraus kann abgeleitet werden, dass der Schwerpunkt der Förderung auf die in der Entwicklung nachstehenden tschechischen Gebiete liegt. Wie vorher bereits erwähnt, ist Bayern eine der am meisten entwickelten Gebiete, somit kann hier der Fokus der Förderung auf die nachhaltige, verbesserte, wirtschaftliche und soziale Entwicklung gesetzt werden.

Bevor Projekte zur Förderung aufgenommen werden, müssen außerdem bestimmte Förderbedingungen [StMWIVT Hinweise für Antragsteller 2009] erfüllt ein, damit sie akzeptiert werden. Die beteiligten Partner müssen auf mindestens zwei von vier Arten – darunter gemeinsame Durchführung, gemeinsame Ausarbeitung, gemeinsames Personal und gemeinsame Finanzierung – zusammen arbeiten. Es muss außerdem je mindestens ein tschechischer und ein bayerischer Partner an den Projekten beteiligt sein. Hier wird deutlich, dass die EU sehr viel Wert auf eine gemeinsame Förderung legt, damit eine einseitige Beteiligung ausgeschlossen wird. Des Weiteren muss bei Projekten mit über 25.000 Euro Gesamtkosten aus den verschiedenen Partnern ein Partner benannt werden, der die federführende Position übernimmt, ein sogenannter „Leadpartner". Eine weitere Bedingung ist, dass das jeweilige Projekt eine signifikante positive Auswirkung hat. Das kann natürlich nicht im Vorhinein mit Sicherheit erkennbar, ob ein Projekt eine positive Wirkung erzielt, jedoch kann anhand der gesteckten Ziele abgewogen werden, ob die Folgen des Projekts eine Verbesserung mit sich bringt oder ob das Projekt nicht realisierbar ist oder als keine sinnvolle Investition erscheint. Weiterhin muss die Auswirkung der Projekte innerhalb des Fördergebiets liegen.

Der bisherige Programmfortschritt bis zur Halbzeit von INTERREG IV A in Bayern kann grob an dem Zeitstrahl von 2007 bis 2010 betrachtet werden:

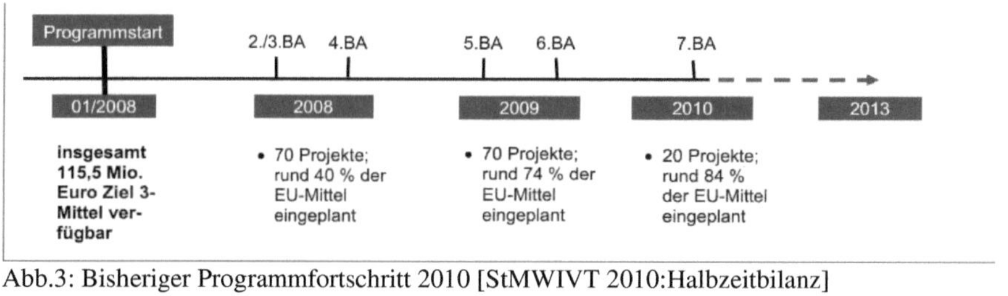

Abb.3: Bisheriger Programmfortschritt 2010 [StMWIVT 2010:Halbzeitbilanz]

Aus dieser Graphik geht hervor, dass wie bereits erwähnt das gesamte Budget ungefähr 115,5 Millionen Euro der Ziel3-Mittel des EFRE umfasst. Es wurden bis zur Hälfte der vierten Förderperiode (also bis Ende 2010) in etwa 160 Projekte eingeplant von ursprünglich 190 behandelten Projektanträgen. Von diesen 160 Projekten gehören 118 zur Priorität 1 des Programms und lediglich 42 zur Priorität 2. Dadurch wird deutlich, dass mehr Wert auf die Wirtschaftsentwicklung, Humanressourcen und die Netzwerke gelegt wird, als auf eine nachhaltige Raum- und Umweltentwicklung. Einer der Gründe für diesen Sachverhalt könnte sein, dass aus einer nachhaltigen wirtschaftlichen Entwicklung mehr Profit durch die Projekte erwirtschaftet werden kann, als beispielsweise durch den Schutz der Umwelt. Für letzteres ist es wahrscheinlich, dass die Projekte lediglich Kosten verursachen und somit von den Kommunen nicht finanziert werden.

2.3. Vorstellung ausgewählter Projekte und deren Ziele

Unter diesem Gliederungspunkt werden verschiedene ausgewählte Projekte der INTERREG IV A Initiative zwischen dem Freistaat Bayern und der Tschechischen Republik vorgestellt, um eine Vorstellung zu vermitteln, wie Projekte dieses Programms aussehen können.

2.3.1. Projektbeispiele der Priorität 1

Das erste Projektbeispiel behandelt den Themenbereich der wirtschaftlichen Zusammenarbeit und Entwicklung des Wirtschaftsraumes und trägt den Titel „Wir sind Europa“ [StMWIVT 2010:Halbzeitbilanz]. Das Fördergebiet umfasst die Oberpfalz und Pilsen. Das Ziel dieses Projekts ist die Stärkung, beziehungsweise der Ausbau des bayerisch-tschechischen Wirtschaftsraumes, was durch eine günstige geographische Lage und durch zahlreiche kleine und mittelgroße Unternehmen begünstigt wird. Durch viele verschiedene Bereiche, wie beispielsweise der Förderung des grenzüberschreitenden Verkehrs und der Berufsbildung soll das Ziel mittels Fördergelder in Höhe von 2,1 Millionen Euro erreicht werden können. Jedoch nicht nur in wirtschaftlicher Hinsicht wird das Gebiet durch das Projekt gefördert, auch die Kultur und soziale Aspekte der Menschen werden unterstützt [BRUNNER O.J.]. Seit den neunziger Jahren und vor allem seit dem Beitritt der Tschechischen Republik 2004 verbessert sich die deutsch-tschechische Beziehung stetig. Mittlerweile werden von der Vielzahl der dort ansässigen Unternehmen ein BIP von 40 Milliarden Euro erwirtschaftet und den 1,8 Millionen deutschen und tschechischen Bewohnern der Region Pilsen-Oberpfalz knapp eine Millionen Arbeitsplätze geboten.

Das nächste Projekt „Touristische Infrastruktur rund um den Drachensee“ beschäftigt sich mit den Bereichen des Tourismus, der Freizeit und Erholung [StMWIVT 2010:Halbzeitbilanz]. Das Fördergebiet stellt hier das Einzugsgebiet des Drachensees dar, das auf bayerischer, sowie auf tschechischer Seite liegt. Der See ist einerseits ein Hochwasserschutz und auch eine touristische Attraktion dieses Gebiets. Das Projekt zielt darauf ab, die touristische Infrastruktur auszubauen, um die Attraktivität der Region für Feriengäste zu erhöhen. Es besteht dennoch eine Verbindung zur Förderung der wirtschaftlichen deutsch-tschechischen Zusammenarbeit, denn diese ist nötig, um das Ziel zu erreichen. Der Drachensee mit der umliegenden Naturlandschaft bietet Wanderern, Rad- und Wassersportlern zahlreiche Möglichkeiten ihren Aktivitäten nachzugehen. Um das weiterhin auszubauen, werden neue

Radwege und Lehrpfade geschaffen, ein Servicegebäude für den Wassersport und eine Umweltstation gebaut. Laut dem Bayerisches Staatsministerium für Wirtschaft, Infrastruktur, Verkehr und Technologie konnte bereits eine signifikante Erhöhung der touristischen Besucher verzeichnet werden.

Das Projekt „1+1=3 Neue Wege nach Europa“ beinhaltet anders als die zuvor genannten Beispielprojekte das gesamte Fördergebiet zwischen dem Freistaat Bayern und der Tschechischen Republik und zählt zum Handlungsfeld „Erziehung und allgemeine Bildung, Wissenschaft, Forschung, Kultur, Gesundheit, Soziales, Zivil- und Katastrophenschutz“ [StMWIVT 2010:Halbzeitbilanz]. Anders als der Titel des Projekts vermuten lässt, geht es dabei um den Bau, beziehungsweise die Förderung der Deutsch-Tschechischen Fußballschule (DTFS). Die DTFS ermöglicht Kindern und Jugendlichen im Alter von 7 bis 12 Jahren neben dem Fußballtraining sich bereits frühzeitig interkulturell innerhalb eines multikulturellen Umfelds weiterzubilden. Der Halbzeitbilanz des StMWIVT zufolge, bestünde mit über 400 Nutzern eine große Nachfrage nach diesen Schulen. Es werden außerdem regelmäßig europaweite Fußballfeste veranstaltet um eine Begegnung mit möglichst vielen europäischen Staaten zu ermöglichen. Darüber hinaus werden durch die DTFS den Kindern und Jugendlichen Sprachkurse, Lernreisen und Sightseeing in Länder in ganz Europa angeboten, wie beispielsweise die Sprachreise im Jahr 2011 nach Belgien und Frankreich, die den Kindern laut der Schule gute Erfahrungen in ihrer persönlichen Entwicklung und in Bezug auf interkulturelles ermöglichte [DTFS 2011].

2.3.2. Projektbeispiele der Priorität 2

Wie bereits unter 2.2. erwähnt beschäftigt sich die Priorität 2 des INTERREG IV A zwischen Bayern und Tschechien mit der Raum- und Umweltentwicklung. Dazu zählt beispielsweise das Projekt „Tierisch Wild III – Ortsprojekte“, welches das Ziel hat, auf tschechischer und bayerischer Seite die Infrastruktur und das Angebot für den Tourismus auszubauen und zu verbessern. Das Fördergebiet umfasst die Gebiete Niederbayern, Südböhmen und Pilsen. Neben dem Tourismus versucht das Projekt gleichzeitig auch die Umwelt und die Natur der Region zu schützen und schafft somit eine Verbindung zwischen Tourismus und Ökologie. Damit der Natur- und Artenschutz in der gesamten Nationalparkregion Bayerischer Wald und Šumava gelingt, übernimmt jeder Ort eine Patenschaft für ein bestimmtes Wildtier. Es finden regelmäßige Veranstaltungen in der Region statt, um Touristen anzuziehen und die Menschen über die Natur zu informieren und ihnen die Region näher zu bringen, durch beispielsweise

Wildtierführungen und den Aufbau von kulinarischer Gastronomie. Parallel besteht es das Projekt „Tierisch Wild – Marketing", das sich wie der Name bereits vermuten lässt auf den Tourismus fokussiert [StMWIVT 2010:Halbzeitbilanz].

Das nächste Projekt trägt den Titel „Sprudelndes Egerland", welches sich mit dem Bereich der Egerufern beschäftigt, die sich bei Karlsbad und Oberfranken befinden. Ziel des Projekts ist es, die Naturgebiete in der Region nachhaltig zu verbessern und somit auch die Erlebnisqualität für Besucher und Bewohner zu erhöhen. Die Partner des Projekts versuchen die Ziele zu erreichen, indem neue Kneipanlagen gebaut werden, das dortige Tempelhaus saniert wird, in Liba neue Standards für Wassersport geschaffen werden, Radwege ausgebaut und vernetzt werden und gemeinsame Begleitaktivitäten veranstaltet werden. Unter diesen Aktivitäten zählen Feste und Workshops, die zur weiteren Entwicklung dieses Grenzgebiets veranstaltet werden. Der behandelte Themenbereich ist somit bei diesem Projekt die Entwicklung und Schutz des ländlichen Raumes.

Das Beispielprojekt „Grüne Busse" behandeln den Nationalpark Böhmerwald der zu den Regionen von Südböhmen, Pilsen und Niederbayern gehört. Ziel ist es, die Buslinien im Nationalpark auszubauen, um sie attraktiver, beziehungsweise interessanter für beispielsweise den Tourismus zu machen, damit die Belastung des Gebiets durch Personenkraftwagen reduziert wird. Desweiteren wird für diesen Ausbau gemeinsames (von deutscher und tschechischer Seite aus) Infomaterial zu den „grünen Bussen" zur Verfügung gestellt und außerdem ein gemeinschaftlicher Fahrplan erstellt. Es entsteht dazu ein angeglichenes Busticket-System. Dieses Projekt gehört hauptsächlich zum Teilbereich Verkehr, hat aber dennoch Auswirkungen auf die soziale Kohäsion, Wirtschaftsentwicklung und den Umwelt- und Naturschutz.

Ein weiteres Projekt, dessen Fördergebiet das gesamte Grenzgebiet Bayern – Tschechische Republik umfasst, lautet „Historische Topographie des Silva Gabreta Egrensis-Kulturerbes" und gehört zum Handlungsfeld Information und Kommunikation. Das Ziel ist hier eine Bereitstellung (beispielsweise online) von Daten und Informationen über das bayerisch-böhmische Kulturerbe mittels einer Datenbank. Dieses Projekt soll somit der Pflege und dem Schutz von Denkmälern und dem Kulturerbe zugutekommen. Folglich beeinflusst das Projekt ebenfalls den Umwelt- und Naturschutz positiv [StMWIVT 2010:Halbzeitbilanz].

2.4. Quantitative Untersuchung nach Themenbereichen

Um zu ergründen, welche Themenbereiche, beziehungsweise welche Schwerpunkte Projekte verfolgen und bearbeiten, wird eine Liste der Projekte [StMWIVT 2012] analysiert. Diese Liste ist auf dem Stand vom 31.12.2012 und umfasst 213 Projekte, die bis zu diesem Zeitpunkt akzeptiert und umgesetzt wurden oder an deren Umsetzung gearbeitet wird. Die Liste trägt den Titel „Verzeichnis der Begünstigten". Veröffentlicht wurde das Verzeichnis von dem Bayerischen Staatsministerium für Wirtschaft und Medien, Energie und Technologie auf ihrer offiziellen Homepage.

Die Projekte werden nach dem Schwerpunkt ihrer Förderinhalte untersucht, das heißt, sie werden erst nach Priorität 1 und Priorität 2 sortiert und schließlich nach den jeweiligen dazugehörigen Themenbereichen geordnet (siehe hierzu auch die Tabelle unter Gliederungspunkt 2.2.). Diese Untersuchung ist folglich in erster Linie quantitativ. Die Einordnung erfolgt in folgende Kategorien:

- Priorität 1: Wirtschaftsentwicklung, Tourismus/Erholung, Berufsbildung/Arbeitsmarkt und Forschung/Kultur/Netzwerke/Soziales/Katastrophenschutz
- Priorität 2: Umweltschutz/Naturschutz, Raumplanung/Raumentwicklung und Verkehr

Auf der Liste sind den Projekten handschriftliche Notizen beigefügt, um es zu ermöglichen, dass die Einordnung in die Kategorien schnell und einfach einsehbar und nachvollziehbar ist. Außerdem geschieht die Entscheidung nach den Schwerpunkten hauptsächlich anhand der Titel und der deutschen/bayerischen und tschechischen Partner der Vorhaben.

Von den 213 Projekten der INTERREG IV A Initiative in Bayern sind 151 der Priorität 1 und lediglich 62 der Priorität 2 zuzuordnen. Zunächst werden beide Prioritäten differenziert betrachtet:

Abb.4: Aufteilung der Projekte der Priorität 1 (gesamt 151 Projekte)

Förderung der Wirtschaftsentwicklung:	Förderung von Tourismus und Erholung:	Förderung der Berufsbildung und des Arbeitsmarkts:	Förderung von Forschung, Kultur, Netzwerke, etc.
21	**47**	**20**	**63**

[eigene Erarbeitung]

An dieser Tabelle lässt sich erkennen, dass sich die Mehrheit der Projekte mit der Förderung von Forschung, Kultur, Netzwerken, Soziales und mit dem Katastrophenschutz beschäftigt. Das kann bedeuten, dass der Grenzraum zahlreiche Möglichkeiten für die soziale Kohäsion, Bildung von deutsch-tschechischen Netzwerken und gemeinsamer Forschung bieten. Es wird außerdem versucht, die Menschen auf deutscher, sowie auf tschechischer Seite zusammen zu bringen, Vorurteile abzubauen und ein interkulturelles Leben zu unterstützen. Desweiteren ist ein gemeinsamer grenzübergreifender Katastrophenschutz sinnvoll, vor allem beim Schutz gemeinsamer Natur-/Nationalparks. Außerdem gibt es einige Projekte zur Förderung von Museen und gemeinsamer Historie.

Zur Unterstützung des Tourismus und der Erholung in dieser Region gibt es ebenfalls viele Vorhaben. Besonders auffällig sind die zahlreichen Projekte zum Ausbau der Radwege, die die Grenze zwischen dem Freistaat Bayern und der Tschechischen Republik überschreiten. Aber auch die Administration, Verwaltung und Bereitstellung von Informationen über touristische Aktivitäten sind ein größerer Teil dieses Themenbereichs.

Deutlich weniger Projekte bieten dagegen die Bereiche der wirtschaftlichen Entwicklung und Zusammenarbeit, sowie der Berufsbildung und der Förderung des Arbeitsmarkts. Ein möglicher Grund für diesen Sachverhalt könnte die bestehende Sprachbarriere zwischen beiden Ländern sein. Außerdem ist das Grenzgebiet vom ländlichen Raum dominiert und bietet in direkter Nähe der Grenze keine größeren Ballungsräume, wie München, die Metropolregion Nürnberg oder Prag, insbesondere auf tschechischer Seite.

Abb.5: Aufteilung der Projekte der Priorität 2 (insgesamt 62 Projekte)

Förderung des Natur-und Umweltschutzes: **26**	Förderung der Raumplanung und Raumentwicklung: **25**	Förderung des Verkehrs **11**

[eigene Erarbeitung]

Durch die Tabelle der Projekte der Priorität 2 wird deutlich, dass zu den Themenbereichen der Förderung des Naturschutzes und des Umweltschutzes, sowie der Förderung der Raumplanung und Raumentwicklung die meisten Vorhaben zählen. Vor allem der Schutz der dort lebenden Tierarten und der Schutz der in diesem Naturraum befindlichen Pflanzen ist nach der Anzahl der dafür durchgeführten Projekte eines der wichtigsten Themen. Zur Raumentwicklung gibt es hauptsächlich Projekte, die die grenzübergreifende Kooperation, den Ausbau und die Zugänglichkeit der Region fördern.

Vorhaben, wie beispielsweise das Projekt „Grüne Busse“ sind dagegen eher selten in der Liste aufgeführt. Zu den Projekten, die sich mit dem Ausbau des Verkehrs in dem Grenzraum beschäftigen, gehören beispielsweise der Ausbau des Freizeitverkehrs zwischen Donau, Ilz und Moldau, die Sanierung eines Grenzbahnhofs und die Verbesserung von Zufahrtsstraßen zu Grenzübergängen [StMWIVT 2012].

Wenn alle Themenbereiche zusammen betrachtet werden, bleibt der Bereich der Forschung, Kultur, Netzwerke und der sozialen Angelegenheiten in Bezug auf die Projektanzahl an erster Stelle. Das kann durch den Wandel von „harten“ zu „weichen“ Projekten des INTERREG Programms erklärt werden. Es wird vermehr seit INTERREG II ein Schwerpunkt auf den Austausch von Informationen und Erfahrungen gelegt und auf die Erstellung von Strategieplänen (siehe Kapitel 1.1.). Es ist heutzutage wichtiger, die soziale Kohäsion, die gemeinsame Kultur und die Forschung zu fördern, als die harte Infrastruktur auszubauen [DÜHR 2010].

3. Fazit und Erkenntnisse der vorliegenden Arbeit

Diese Arbeit hat einen groben Überblick über die Entstehung und die Funktionsweise der Gemeinschaftsinitiative INTERREG des Europäischen Fonds für regionale Entwicklung gegeben. INTERREG besteht bereits seit einigen Jahren und wird auch in Zukunft eine große Rolle in der EU Politik spielen. Ebenso wird in der kommenden Förderperiode von 2014 bis 2020 die europäische territoriale Zusammenarbeit in Bayern in den Grenzregionen zu den Nachbarstaaten (Schweiz, Österreich, Tschechische Republik) weiterhin von EFRE-Mitteln gefördert werden.

Durch die vorliegende Arbeit ist deutlich geworden, dass die kulturellen, sozialen und die Aspekte der Forschung von der Mehrheit der Projekte unterstützt werden. Jedoch kann durch diese quantitative Untersuchung der Titel und der Projektpartner lediglich grob ausgesagt werden, welche auf welchen Themenbereichen der Schwerpunkt liegt. Um ein genaueres Ergebnis zu bekommen, wie stark bestimmte Projekte und damit auch die Bereiche gefördert werden, muss zusätzlich betrachtet werden, mit wie vielen EFRE-Mitteln die jeweiligen Projekte gefördert werden. Außerdem beschränken sie die meisten Unternehmungen nicht nur auf eines der genannten sieben Themenbereiche. Somit beeinflusst beispielsweise der Ausbau der Tourismusbranche ebenso die Wirtschaftsentwicklung und die kulturellen Aspekte. Eine Förderung der gemeinsamen Berufsbildung und eines gemeinsamen Arbeitsmarktes beeinflusst in Zukunft ebenfalls die wirtschaftliche Entwicklung und die soziale Kohäsion. Der Ausbau des Verkehrsnetzes betrifft außerdem auch die Raumentwicklung einer Region, was sich letztendlich wieder zum Teil auf die Wirtschaft des Grenzraumes beeinflusst. Ebenso kann eine nachhaltig verbesserte Wirtschaft der Raumentwicklung nutzen. Somit können und die Themenbereiche und auch die beiden Prioritäten aufgrund dieser Zusammenhänge nicht isoliert betrachtet werden. Es kann des Weiteren nicht pauschal gesagt werden, dass ein Schwerpunkt als wichtiger betrachtet werden kann als ein anderer, denn grundsätzlich sind alle geförderten Bereiche von Nutzen für die Grenzregion zwischen dem Freistaat Bayern und der Tschechischen Republik. Weiterhin ist eine nachhaltige Entwicklung nur dann erreichbar, wenn die Projekte auch nach der Förderperiode zum Beispiel mit Hilfe der jeweiligen Regierung, Kommunen oder mittels Spenden bestehen bleiben. Nur temporär bestehende Projekte bringen nur temporäre Verbesserungen in der Region.

Quellenverzeichnis

- Brigitta Brunner (o.J.): „Wir sind Europa". URL:http://www.wir-sind-europa.com/schulterblick.html (07.12.2013)
- DTFS (2011): Deutsch-Tschechische Fußballschuhe. URL:http://www.dtfs.de/index.php?lang=de&obsah_id=2&news_id=869 (07.12.2013)
- Dühr, S., et al. (2010): European Spatial Planning and Territorial Development. Routledge. London und New York.
- EC (2013): Regionalpolitik – Inforegio. URL:http://ec.europa.eu/regional_policy/cooperate/index_de.cfm (07.12.2013)
- Europa (2010): European Regional Development Fund. URL:http://europa.eu/legislation_summaries/agriculture/general_framework/g24234_en.htm (07.12.2013)
- MWE (2013): EU-Fonds. URL:http://www.europa.brandenburg.de/cms/detail.php/bb2.c.519380.de (07.12.2013)
- Scherhag, D. (2008): Europäische Grenzraumforschung. E-Paper der Akademie für Raumforschung und Landesplanung Nr.2. Hannover.
- StMWIVT (2009): Hinweise für Antragsteller. URL:http://www.stmwi.bayern.de/EFRE/_Downloads/Interreg_IV/Hinweise_fuer_Antragsteller.pdf (07.12.2013)
- StMWIVT (2010): Halbzeitbilanz. URL:http://www.stmwi.bayern.de/EFRE/_Downloads/Interreg_IV/Ziel_3_Halbzeitbilanz_2010.pdf (07.12.2013)
- StMWIVT (2012): Verzeichnis der Begünstigten. URL:http://www.stmwmet.bayern.de/EFRE/_Downloads/Interreg_IV/Verzeichnis_der_Beguenstigten_2012.pdf (07.12.2013)
- StMWMET (2013): EFRE. URL:http://www.stmwmet.bayern.de/EFRE/ (07.12.2013)

BEI GRIN MACHT SICH IHR WISSEN BEZAHLT

- Wir veröffentlichen Ihre Hausarbeit, Bachelor- und Masterarbeit
- Ihr eigenes eBook und Buch - weltweit in allen wichtigen Shops
- Verdienen Sie an jedem Verkauf

Jetzt bei www.GRIN.com hochladen und kostenlos publizieren